AF596151

SOLUTION GÉNÉRALE

DU PROBLÈME

DE LA

PHOTOGRAPHIE DES COULEURS

PAR

CHARLES CROS

PRIX : 1 FRANC.

PARIS

CHEZ GAUTHIER-VILLARS, ÉDITEUR

55, QUAI DES GRANDS-AUGUSTINS

ET AU BUREAU DU JOURNAL *LES MONDES*

32, RUE DU DRAGON, 32

—

1869

EXTRAIT DU JOURNAL *LES MONDES*

De M. l'abbé MOIGNO

(LIVRAISON DU 25 FÉVRIER 1869)

SOLUTION GÉNÉRALE DU PROBLÈME DE LA PHOTOGRAPHIE DES COULEURS.

I

J'ai trouvé une méthode générale pour arriver à enregistrer, fixer et reproduire tous les phénomènes visibles, intégralement, c'est-à-dire dans leurs deux ordres de caractères primordiaux, les figures et les couleurs. Je vais exposer cette méthode et les règles pratiques qui en dérivent.

Qu'on ne s'étonne pas, si, auparavant, je n'apporte pas de résultats réalisés, et si je ne cherche pas, par moi-même, à exploiter mon idée. Je n'ai eu, ni antérieurement, ni actuellement, aucun moyen de réalisation. Chercher ces moyens me serait une grande dépense de temps et de mouvement, dépense qui serait suivie du travail de mise en pratique. Ceci n'est pas dit pour que quelqu'un vienne à mon aide. Je n'en ai pas un vif désir ; attendu qu'ayant été longtemps obligé de me passer de ces moyens, je me suis habitué à poursuivre plutôt les problèmes généraux de la science que les réalisations particulières.

Les solutions que j'ai trouvées au problème spécial de la photographie des couleurs sont publiées à la suite, et je ne m'en suis pas réservé la propriété commerciale. C'est la conséquence de l'insouci que j'ai de réaliser par moi-même : l'idée entre dans le domaine public, et les savants spéciaux, les expérimentateurs habiles ne seront gênés en rien dans leurs recherches. Ils pourront, en outre, — et il est nécessaire qu'il en soit ainsi, — se rendre possesseurs exclusifs des procédés particuliers indispensables à l'obtention du résultat final.

Quant au profit que j'en retirerai, il est aussi très-réel, quoique moins simple à définir. En supposant que, dans un temps donné, des résultats — que je ne crois pas pouvoir être obtenus en dehors de mes principes — soient publiés, il me sera facile de faire reconnaître que j'y suis pour quelque chose. Alors au plaisir de voir mon idée prendre forme et vie sans que j'aie eu à faire de travail pénible, s'ajoutera toute possibilité de récompenses diverses, d'appréciation extérieure favorable de ma valeur relative, et autres avantages semblables. Je passe maintenant à mon sujet.

II

§ 1er. Les moyens que je propose sont fondés sur les procédés déjà connus en photographie et sur des propriétés physiques également connues des rayons lumineux. Et c'est précisément parce que chacun des éléments de l'idée est expérimentalement donné et que l'arrangement seul en est nouveau, qu'il ne m'a pas été nécessaire de m'assurer de la possibilité du résultat par l'expérience.

Pour aborder le problème, je pars d'un principe dont je donnerai ailleurs la démonstration, et qui est le suivant : *Les couleurs sont des essences qui, de même que les figures, ont trois dimensions, — et par conséquent exigent trois variables indépendantes dans leurs formules représentatives.*

§ 2. Il suit de là que si l'on avait un instrument pour mesurer les couleurs, comme le thermomètre mesure les températures, il faudrait qu'il donnât, pour exprimer les relations des teintes entre elles, trois nombres distincts pour chacune (1).

Donc, une représentation chiffrée d'un sujet de peinture donné serait possible aux conditions suivantes : on diviserait la surface peinte en un nombre de surfaces contiguës assez petites pour le détail voulu, et on noterait, au moyen de trois nombres pour chacune, leurs teintes diverses.

Ainsi, chaque point du tableau donne lieu à l'évaluation de trois

(1) Je donnerai le principe de construction d'un instrument destiné à l'analyse et à la synthèse numériques de toutes les teintes mixtes dans une publication ultérieure.

grandeurs qui ne peuvent être confondues en un nombre unique. On peut donc dire qu'un tableau peint a *cinq* dimensions, deux pour la représentation du lieu des points élémentaires du dessin et trois pour la représentation des valeurs des teintes (1).

§ 3. Or, qu'est-ce qu'enregistre l'appareil photographique? L'intensité photogénique qui se traduit par du blanc, du noir et par les gris intermédiaires. Une seule échelle linéaire numérique suffirait à classer et à désigner chacun des termes de cette série du blanc au noir.

Dans une épreuve photographique, il n'y aura donc jamais les éléments nécessaires à l'intégration des teintes du tableau représenté. De là à l'idée qu'il faudrait trois épreuves différentes, donnant chacune les variations d'intensités de l'un des trois éléments des couleurs, il n'y a pas loin.

§ 4. Les trois espèces élémentaires de la couleur sont : le rouge, le jaune, le bleu.

Il s'agit donc de prendre trois épreuves différentes, l'une de tous les points plus ou moins rouges ou qui contiennent du rouge, la seconde de tous les points jaunes ou contenant une proportion de jaune, la dernière de tous les points bleus ou contenant du bleu.

Ces trois épreuves, en les supposant obtenues en teintes uniformes comme celles de la photographie ordinaire, exprimeront en noirs et en gris, plus ou moins foncés, les quantités respectives de rouge, de jaune, de bleu qu'il y a dans tous les points du tableau.

§ 5. Ainsi, on aura l'ensemble de tous les *renseignements* sur le tableau proposé, mais non pas sa reproduction pour la vue immédiate. En un mot, l'***analyse*** du tableau est faite, au point de vue de la couleur, mais non la ***synthèse***.

Nous allons traiter pratiquement chacune de ces deux parties du problème. En premier lieu, voyons les procédés d'analyse.

(1) De même les corps réels, considérés à la fois dans leurs figures et leurs couleurs, peuvent être idéalement représentés par des équations à *six* variables.

III

Pour obtenir les trois épreuves élémentaires, il y a deux ordres de procédés d'analyse : analyse successive, analyse simultanée.

§ 1er. Les moyens d'analyse successive sont de trois espèces : analyse par transparence, analyse par réfraction, analyse par éclairage monochrome.

A. — Le procédé d'analyse successive par transparence est le premier moyen qui m'est venu à l'esprit; il consiste à *tamiser les rayons à travers des verres colorés*. Une première épreuve est prise à travers un verre rouge. Il n'y a que les rayons rouges qui passent. — En réalité, il passe aussi de la lumière blanche, et les rayons rouges ne sont qu'un maximum ; mais cela ne change rien à la théorie ni aux opérations.

Le cliché obtenu en ce mode exprime, par ses variations d'opacités et de transparences, les quantités plus ou moins grandes de rouge qu'il y a dans chaque point du tableau. De même le second cliché, obtenu à travers un verre jaune, de même le troisième, à travers un verre bleu, exprimeront l'un les diverses quantités de jaune, l'autre celles de bleu semées dans les différentes parties de l'image.

Les activités photogéniques inégales des différents rayons doivent être compensées, par des renforcements proportionnels des bains sensibiliseurs et révélateurs, par des temps de pose convenablement déterminés (1).

Les difficultés de réalisation qu'on peut prévoir sont les suivantes :

Les verres colorés qu'on trouve dans le commerce sont peut-être trop foncés pour servir aux premières expériences. Il faudra commencer par des verres presque blancs.

Il faut aussi que ces verres soient limpides, sans bouillons ni défauts, et qu'ils soient bien exactement planés. On pourrait peut-être les remplacer par des vernis colorés, étendus sur des glaces incolores ou

(1) La faible activité chimique du rouge et du jaune s'explique, jusqu'à un certain point, par le fait que les substances sensibles sont généralement jaunes ou rouges, et reflètent sans les absorber ces couleurs. On rétablirait l'égalité en colorant en bleu ou en vert les surfaces sensibles. On pourrait peut-être employer pour cela l'iodure d'amidon, l'indigo soluble ou un sel d'urane, en évitant les réactions chimiques perturbatrices.

même sur l'une des lentilles de l'objectif; des liquides colorés contenus entre deux glaces ordinaires conviendraient peut-être aussi. Il y a là toute une série d'essais délicats.

B. — Le second moyen consiste à remplacer les verres colorés par un prisme qu'on fait tourner à chaque épreuve, de manière à ce que, en premier lieu, il n'envoie dans la chambre noire que des rayons rouges, ensuite que des rayons jaunes, enfin que des rayons bleus.

Ce procédé évite l'emploi d'émaux transparents et de couleurs artificielles, produits toujours impurs et qui laissent passer de la lumière blanche.

C. — Le troisième moyen n'a pas l'universalité des deux premiers; mais il sera probablement utile en certaines circonstances, pour les portraits, la reproduction des peintures, des fleurs, des animaux, des préparations anatomiques.

Il consiste à prendre successivement trois épreuves avec un appareil photographique ordinaire, sans aucune modification, mais en ayant soin d'éclairer les objets à reproduire, d'abord avec de la lumière rouge, ensuite avec de la lumière jaune, enfin, avec de la lumière bleue. Ces différents rayons sont pris dans un spectre, ou obtenus au moyen de milieux transparents colorés.

Ce moyen ne peut s'appliquer à aucune reproduction en plein air. Cependant, la facilité relative de mise en pratique qu'il présente le rend précieux pour les reproductions scientifiques et industrielles. C'est probablement ce moyen que la pratique abordera au début.

§ 2. Le second procédé d'analyse consiste à prendre simultanément les trois épreuves dans les trois régions de rayons simples du spectre résultant de la décomposition des rayons émis par le tableau à reproduire.

Un système de lentilles est disposé de manière à grouper en faisceau les rayons qu'envoie le tableau dont la reproduction intégrale est proposée. Ce faisceau mixte tombe sur un prisme qui le décompose et l'étale en un spectre. Trois objectifs élémentaires recueillent respectivement les rayons rouges, jaunes et bleus et forment trois images partielles sur la surface sensible qui les fixe.

Peut-être est-il nécessaire de placer devant chaque objectif un prisme qui compense l'allongement des images.

Les difficultés seront encore l'insuffisance de la quantité de lumière pour chaque épreuve et l'inégale activité chimique. Pour ce qui est de l'insuffisance de la lumière, on peut la compenser en réduisant la dimension des images, qu'on pourra ensuite agrandir. Cette condition ne peut nuire au résultat final (1).

IV

Je vais maintenant exposer comment, au moyen des trois épreuves élémentaires obtenues par l'un des procédés décrits, on peut recomposer le tableau et soumettre aux regards l'image intégrale de la nature, de toutes les choses qui changent et passent.

§ 1er. Pour résoudre cette partie du problème, il convient d'abord d'étudier plus exactement ce que sont les clichés obtenus.

En premier lieu, il faut remarquer que chacun d'eux représente une image négative ordinaire mais incomplète du tableau proposé. Si donc on tirait successivement sur la même feuille de papier les trois clichés, on aurait une photographie ordinaire et complète.

§ 2. Le cliché obtenu avec la lumière rouge représente dans ses points les plus opaques les points les plus rouges du tableau réel ; en ses parties transparentes, il en représente les parties les moin rouges.

De même pour les clichés du jaune et du bleu, dont les opacités les plus fortes correspondent respectivement aux parties les plus jaunes et les plus bleues du tableau réel.

§ 3. Si l'on renverse ces relations en obtenant le *positif* de chaque cliché, ce seront les parties les moins modifiées, — les plus transparentes si l'on tire sur verre, — qui correspondront aux maximums de coloration.

Soit donc le positif du rouge sur verre. On le fait traverser par des rayons rouges et on projette son image sur un écran. Les parties de l'image les plus éclairées — en rouge, puisqu'on opère avec des rayons rouges, — correspondront aux points les plus rouges du tableau réel à reproduire. Les parties les plus sombres correspondront à celles qui dans le tableau réel sont ou noires, ou jaunes, ou bleues.

Les positifs des deux autres clichés donneront de même, si on les

(1) Il y a peut-être à tirer aussi parti des lois de la polarisation chromatique pour l'obtention des épreuves élémentaires. Je n'ai pas encore poursuivi le problème dans ce sens.

fait traverser par des rayons jaunes et bleus, deux autres images où les parties les plus jaunes et les plus bleues viendront en maximum d'éclat.

§ 4. Si donc, par toute espèce de moyens, on arrive à superposer exactement ces trois images, l'image unique résultante contiendra, dans toutes ses parties, des quantités de rouge, de jaune, de bleu correspondant à celles du tableau réel. Là où il n'y aura aucune des trois couleurs on aura du noir; là où une seule, ou deux ou trois en proportions spéciales auront agi, on aura toutes les teintes possibles, simples ou mixtes, y compris le blanc pur.

§ 5. Il me reste donc à donner les moyens de superposition.

Il importe auparavant de remarquer que les images projetées sur un écran d'après les clichés positifs ne sont pas les seules dont on se puisse servir. Il faut y ajouter : celles qui se forment dans l'œil en regardant les clichés, — en général, les positifs par transparence, — à faux jour, et auxquelles on donne la couleur convenable en y appliquant un verre ou un vernis coloré; celles qu'on obtient sur papier sensible ordinaire au moyen de chaque cliché négatif, — on les colore au moyen de teintes transparentes uniformes, et on les regarde directement; enfin, celles qu'on obtient en gravure héliographique sur pierre ou sur acier, — elles doivent être positives et se tirent à la presse en encres colorées.

V

Les procédés de synthèse sont de deux ordres : synthèse successive, synthèse simultanée.

§ 1. Le *phénakisticope*, remis en vogue dernièrement sous le nom de *zootrope*, me dispense de longues explications sur la synthèse successive.

Les images élémentaires sont substituées rapidement les unes aux autres sous le regard, et les impressions produites sur la rétine se confondent. On obtient ainsi la combinaison des trois couleurs pour tous les points de l'image résultante.

Ce procédé s'applique aux projections sur écran, aux positifs transparents, et aux positifs à vue directe. Les instruments sont plus simples que le phénakisticope, car il n'y a que trois figures élémentaires, au lieu de vingt ou trente.

De pareils instruments sont très-faciles à imaginer et réaliser. J'en donnerai les dispositifs si on me les demande.

Il est à peine besoin de dire que le principe de cette synthèse successive est expérimentalement démontré par le disque tournant à secteurs colorés.

§ 2. Il y a trois espèces de synthèses simultanées : la synthèse par réflexion, la synthèse par réfraction, et la synthèse par transparence, — au moyen de positifs antichromatiques.

A. — La synthèse par réflexion consiste à faire voir les trois images à la même place au moyen de glaces transparentes.

On sait qu'une glace transparente, tout en laissant voir ce qui est derrière elle, reflète les images bien éclairées qu'on lui présente. C'est sur cette propriétés qu'est fondé l'amusement des spectres et apparitions.

Je donnerai encore, s'il est nécessaire, le dispositif qui convient à ce mode de recomposition. Le procédé s'applique aux positifs par transparence et à vue directe.

B.—La synthèse par réfraction donne une des solutions les plus élégantes du problème. Elle est fondée sur le principe suivant : le trajet d'un rayon coloré simple, qui traverse une succession de milieux réfringents différents, est le même dans les deux sens, c'est-à-dire que la source du rayon et son point d'arrivée peuvent échanger leurs places sans que le trajet varie.

Or, si l'on envoie à travers un prisme un rayon mixte contenant du rouge, du jaune, du bleu, chacun de ces rayons viendra se projeter à une place distincte. Si ensuite, de chacune des places où ces rayons sont tombés, on envoie des rayons de même espèce dans le prisme sous les mêmes angles respectifs que ceux d'émergence, on reconstituera un rayon mixte identique.

D'où le procédé pratique suivant :

Trois épreuves ont été prises dans les trois régions de rayons simples du spectre. On obtient le positif de ces trois épreuves, soit en transparence, soit en vue directe. Sur ces trois positifs sont appliquées les couleurs uniformes rouge, bleu, jaune, comme il convient. Les trois épreuves sont remises aux places où elles avaient été obtenues.

En les regardant à travers le prisme analyseur, elles ne forment plus qu'une seule et même image résultante. Le même effet est obtenu en projetant les rayons qui sortent du prisme sur un écran.

En poursuivant l'étude, on trouve une solution encore plus pure et plus simple, où l'emploi de toute couleur artificielle prédéterminée disparait.

C'est la conséquence du principe suivant :

Un rayon de lumière blanche traverse un prisme; le rouge, le jaune, le bleu émergent sous des angles distincts. Si on envoie, en sens inverse et sous le même angle que celui d'émergence du rouge, *un rayon de lumière blanche*, ce rayon sera décomposé, et ce qu'il contient de rouge prendra la direction du premier rayon blanc.

De même, le rayon blanc inverse pénétrant sous les angles d'émergence du jaune et du bleu, donnera, dans la direction du rayon blanc direct, un rayon jaune, un rayon bleu.

Donc, le même appareil qui sert à décomposer le tableau en trois épreuves prises dans les régions rouge, jaune, bleue du spectre, servira, une fois ces épreuves obtenues, à faire la recomposition. Il suffira pour cette synthèse de remplacer les trois clichés immédiats par leurs positifs *non colorés*, et d'envoyer à travers chacun *un rayon de lumière blanche suivant le trajet d'émergence du rayon coloré correspondant.*

Ainsi, on aura la reproduction du tableau naturel, soit dans l'œil directement, soit sur un écran.

Cette solution est remarquable en ce qu'elle ne fait dépendre le résultat d'aucun produit artificiel coloré. Les couleurs sont ainsi transformées en conditions purement géométriques, et ces conditions régénèrent à leur tour les couleurs. L'appareil réalisé ne rend de cette façon que ce qu'il a reçu.

C. — La synthèse antichromatique consiste à superposer réellement les trois positifs sur une surface blanche ou transparente, de manière à obtenir un résultat fixe et visible sans instrument intermédiaire.

Voici comment ce dernier résultat est réalisé.

Au moyen des trois clichés, on obtient trois planches héliographiques sur pierre ou sur acier, planches qui donnent des épreuves *positives*.

Les parties foncées de l'épreuve rouge, par exemple, représentent les parties du tableau où le rouge a *le moins* agi, les parties claires, celles où il était en *maximum*.

En ces points, où il n'y avait pas de rouge, il ne pouvait y avoir que du noir, du jaune ou du bleu.

On tire cette première épreuve en *vert*, couleur complémentaire du rouge. — J'appelle cette épreuve le *positif antichromatique* du rouge.

Sur cette épreuve verte, on tire le positif *antichromatique* du jaune qui est *violet*, et enfin celui du bleu qui est *orangé*.

Il faut faire le second et le troisième tirages avec des laques transparentes qui laissent voir dessous la teinte du premier.

En pratique, il sera probablement meilleur d'obtenir des clichés avec les rayons vert, violet, orangé, et le tirage avec les encres rouge, jaune, bleue. On commencera par le tirage en bleu, car les laques tr. nsparentes bleues sont rares ; les rouges et les jaunes sont plus faciles à trouver.

L'épreuve finale, obtenue ainsi par un procédé analogue à celui de la chromo-lithographie, présente, dans ses teintes mixtes, les mêmes relations que celles du tableau réel, sauf que toutes les couleurs sont assombries par une légère proportion de leur teinte complémentaire, — ce qui fait l'effet d'une sorte de base bistre.

En effet, là où aucune des couleurs n'a agi, les trois épreuves donnent des *maxima* de coloration qui se superposent et produisent du noir; là où les couleurs ont agi toutes trois en *maxima*, les trois épreuves laissent voir le blanc du papier. En poursuivant l'analyse, il est facile de voir que les teintes mixtes seront réalisées par ce procédé, mais comme il a été dit, avec une légère proportion de la teinte complémentaire.

Sauf les difficultés pratiques, on pourrait de même faire les trois tirages sur verre; le résultat serait analogue aux tableaux peints sur vitraux.

§ 3. Voilà l'ensemble des moyens que j'ai pu découvrir par avance. Peut-être en trouvera-t-on d'autres dans le courant des luttes pratiques; mais j'ai lieu de penser qu'ils seront dérivés de ceux-ci, qui m'ont été fournis par certaines clefs générales, dont je traiterai ultérieurement.

Une dernière remarque. Pour ceux qui n'admettent pas le principe de triplicité élémentaire de toutes les teintes, posé plus haut sans démonstration, mes solutions restent exactes. En effet, le résultat peut être toujours obtenu avec une perfection que limiterait seulement le nombre des épreuves élémentaires de teintes différentes.

Maintenant, que ceux qui s'en sentent le désir et en ont les moyens, se lancent dans les essais de réalisation pratique. Il y aura place pour leurs individualités et leurs talents dans cette œuvre dont je ne me dissimule pas les très-grandes difficultés.

APPENDICE.

—

Je joins à ce mémoire tout théorique et quelque peu abstrait une description de la première expérience à faire, telle que je la rêve.

Analyse. Soit à reproduire un objet fixe tel qu'une peinture, un bouquet de fleurs, un casier de papillons, etc.

On prend trois châssis vitrés, et sur les verres de chacun, on passe respectivement des vernis *d'abord faiblement colorés* en rouge, en jaune, en bleu.

On met l'objet au foyer d'un objectif ordinaire; puis on dispose le châssis rouge sur le trajet de la lumière qui éclaire l'objet. On tire une épreuve en augmentant du double ou du triple le temps de pose qu'il faudrait pour une épreuve à la lumière libre.

On prépare une nouvelle plaque sensible, et on tire dans les mêmes conditions en remplaçant le châssis rouge par le jaune.

Enfin, on fait de même avec le châssis bleu, en laissant poser la moitié moins de temps que pour les deux premiers.

Synthèse. On tire séparément les trois clichés sur papier sensible, — ou sur verre, — de manière à avoir trois positifs.

On couvre le positif obtenu avec le châssis rouge, du vernis même qui a servi à peindre le verre de ce châssis.

De même pour les deux autres positifs dont le premier doit être couvert avec le vernis jaune, le second avec le vernis bleu du châssis.

Cela fait, on prend deux glaces blanches bien pures. On monte sur cinq supports indépendants, à la même hauteur, les deux glaces blanches et les trois positifs colorés comme il a été dit.

Enfin, on cherche en tâtonnant à faire coïncider les images de deux des trois positifs, formées dans chacune des glaces transparentes, avec le troisième positif qu'on regarde directement à travers ces glaces.

Il faut éclairer convenablement les positifs au moyen de miroirs. On peut aussi, en modifiant l'obliquité de la réflexion sur les glaces transparentes, faire varier en toute proportion l'intensité de chaque image virtuelle.

En répétant cette expérience, on trouvera les conditions de détail qui conviennent le mieux. Ces conditions étant fixées, on en tirera les principes de construction d'un appareil invariable et définitif, qui permettra, avec les trois épreuves élémentaires, de reconstituer sous le regard le tableau réel avec toutes ses teintes.

CHARLES CROS.

Paris. — Typographie Walder, rue Bonaparte, 44.

www.ingramcontent.com/pod-product-compliance
Lightning Source LLC
LaVergne TN
LVHW012024170826
845678LV00004BA/1634

* 9 7 8 2 3 2 9 6 4 9 2 5 2 *